GLACIER- UND BERNINA-EXPRESS

Bruno Hitz · Rudolf Weber

GLACIER- UND BERNINA-EXPRESS

Bruno Hitz • Rudolf Weber

Bechtermünz Verlag

Umschlag-Vorderseite:
Eine fabrikneue HGe 4/4 II überquert oberhalb von Kalpetran auf der Kipfenbrücke die Mattervispa.

Couverture:
Une HGe 4/4 II flambant neuve traverse le pont de Kipfen qui enjambe la Viège en amont de Kalpetran.

Front cover:
A fresh-from-the-factory HGe 4/4 II crosses the Mattervispa River on the Kipfe Bridge above Kalpetran.

Umschlag-Rückseite:
Von Chur kommend durchfährt eine Ge 4/4 II mit dem Bernina-Express das herbstliche Val Bever.

Verso de la couverture:
Venant de Coire, une Ge 4/4 II tracte le Bernina-Express dans le Val Bever paré de ses couleurs automnales.

Back cover:
A Ge 4/4 II leads a Tirano-bound Bernina Express through an autumnal Val Bever.

Streckenplan
Schwarz: Glacier-Express
Rot: Bernina-Express

Plan des lignes
Noire: Glacier-Express
Rouge: Bernina-Express

Route network
Black: Glacier-Express
Red: Bernina-Express

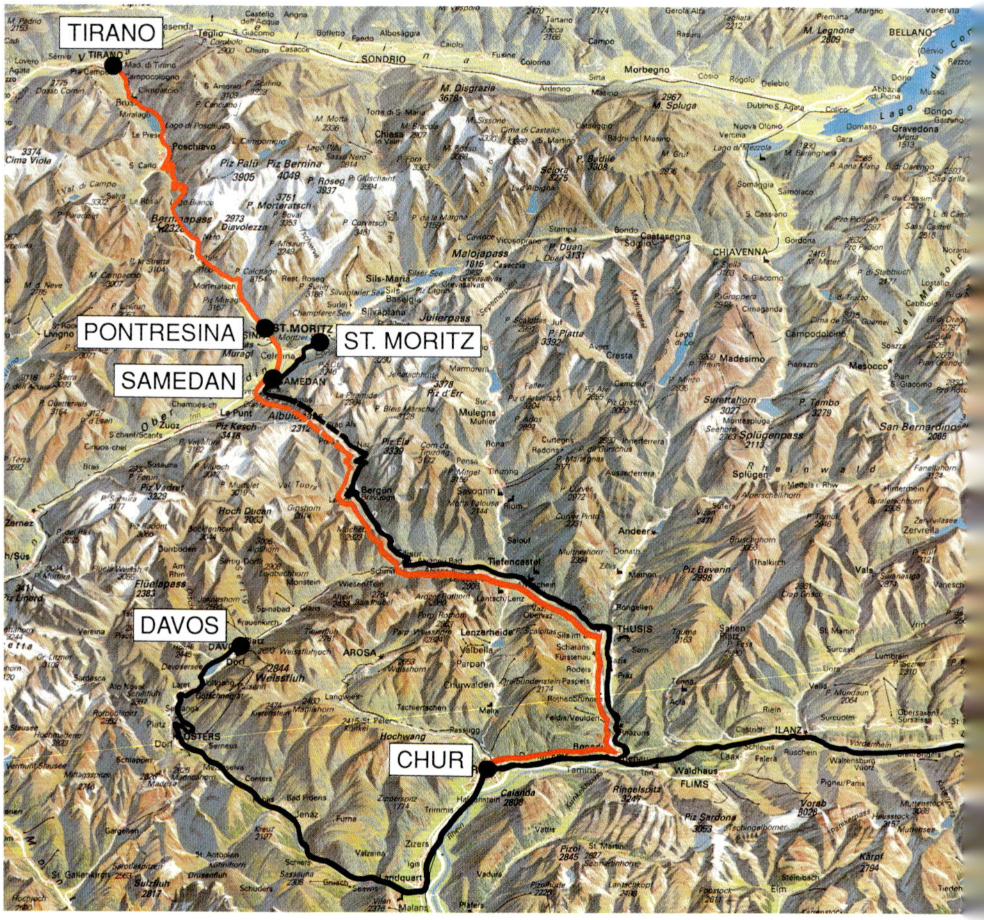

Genehmigte Lizenzausgabe für
Bechtermünz Verlag im
Weltbild Verlag GmbH, Augsburg 1996

Grafik: Brandl & Partner, Olten
Gesamtherstellung: Druckerei Ernst Uhl, Radolfzell
Printed in Germany
ISBN 3-86047-317-4

Inhalt

7 Zermatt – Brig

53 Brig – Disentis

93 Disentis – Chur (– Davos)

105 Chur – Samedan – St. Moritz

121 Samedan – Pontresina – Tirano

Sommaire

7 Zermatt – Brigue

53 Brigue – Disentis

93 Disentis – Coire (– Davos)

105 Coire – Samedan – St-Moritz

121 Samedan – Pontresina – Tirano

Contents

7 Zermatt – Brig

53 Brig – Disentis

93 Disentis – Chur (– Davos)

105 Chur – Samedan – St. Moritz

121 Samedan – Pontresina – Tirano

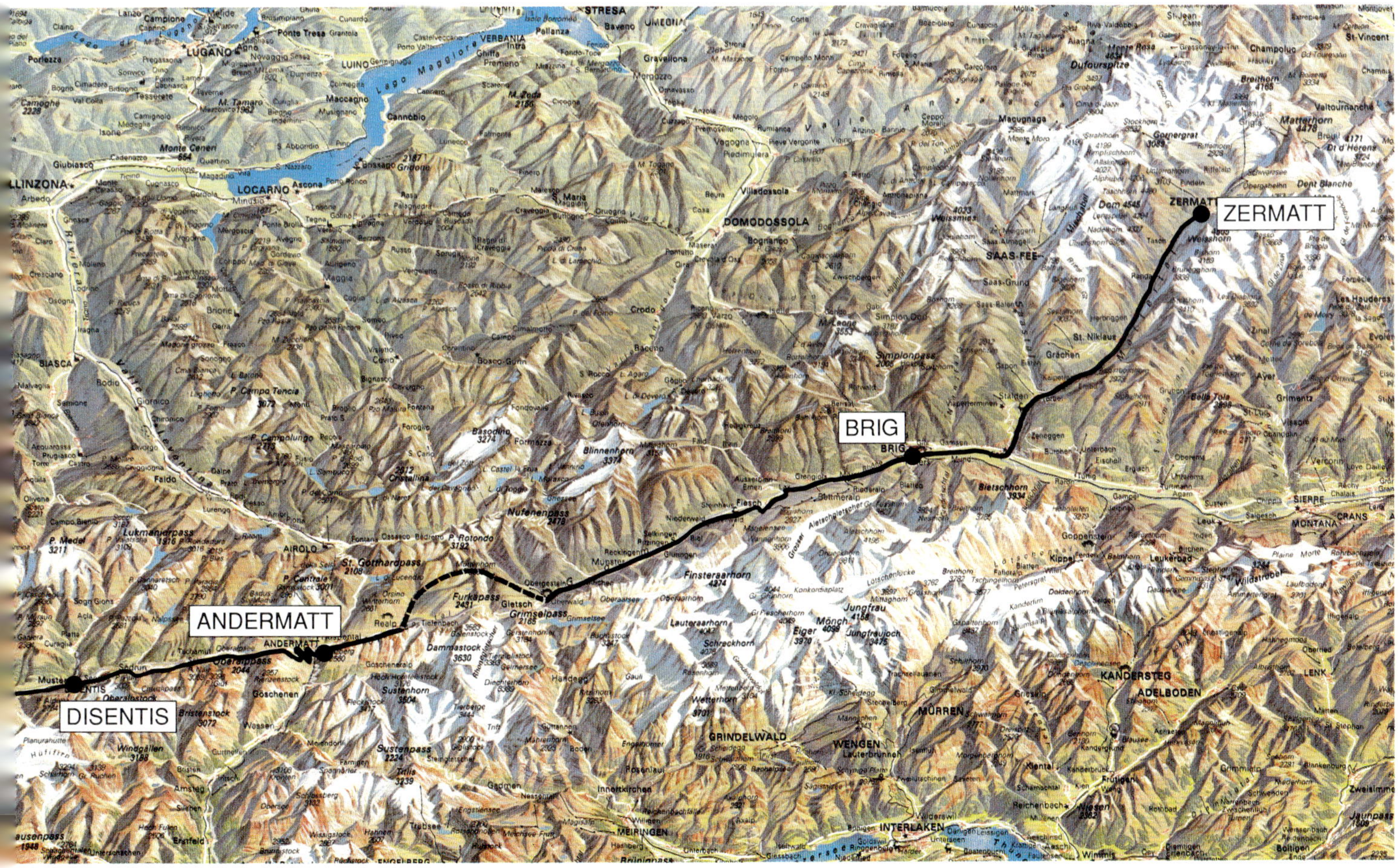

Karte: Hallwag AG, Bern

1

Zermatt – Brig

Im weltbekannten Ferienort Zermatt beginnt die lange Reise des Glacier-Express nach St. Moritz, die etwa acht Stunden dauert. Heute ist der Bahnhof von Zermatt zum Schutz gegen Lawinen überdeckt, damit der Bahnbetrieb auch bei extremen Witterungsbedingungen aufrecht erhalten werden kann. Ebenso verläuft die Strecke von Zermatt nach Täsch häufig in Galerien oder Tunnels. Nach Täsch folgt die Ortschaft Randa, welche immer wieder von Naturereignissen heimgesucht wird. Im Winter sind es jeweils Lawinen, die von den steilen Bergflanken ins Tal donnern, doch am 18. April und am 9. Mai 1991 begruben Bergstürze neben schönsten Viehweiden mehrere Ställe und die Bahnlinie unter sich. Auch die Straße wurde unpassierbar, so daß beide Verkehrswege neu gebaut werden mußten.

Nach St. Niklaus folgt die Bahnlinie in der Kipfenschlucht dem Lauf der Vispa. Zwischen zwei Anschlußgleisen, wo der Umlad der «Embder-Steinplatten» von den Transportseilbahnen auf Eisenbahnwagen erfolgt, überquert sie den Fluß.

Auf der nun folgenden Fahrt auf der linken Talflanke bietet sich dem Reisenden ein eindrücklicher Blick hinunter in eine zusehends tiefer werdende Schlucht, bis der Zug schließlich in Stalden eintrifft und dann über eine längere Zahnstangenstrecke wieder die Talsohle erreicht.

Von nun an folgt die Bahnlinie dem Flußlauf bis nach Visp, der einstigen Endstation der 1891 eröffneten Visp – Zermatt-Bahn.

Die Verbindung Visp – Brig wurde erst 1930 in Betrieb genommen und verläuft parallel zur SBB-Strecke. Auf dem Bahnhofplatz von Brig endet die Fahrt auf den Gleisen der Brig – Visp – Zermatt-Bahn (BVZ).

Zermatt – Brigue

Le long périple du Glacier-Express en direction de Saint-Moritz, huit heures de voyage, commence à Zermatt, station touristique de renommée mondiale. Aujourd'hui, la gare de Zermatt est couverte d'une galerie qui la protège des avalanches et permet d'assurer l'exploitation de la ligne même par très mauvais temps. Entre Zermatt et Täsch, certains tronçons évoluent également en galeries et tunnels. Après Täsch, nous arrivons à Randa, bourgade régulièrement soumise aux caprices de la nature. En hiver, les avalanches dévalent en grondant les flancs escarpés de la vallée; et, les 18 avril et 9 mai 1991, des glissements de terrain ont enseveli, outre de beaux pâturages, plusieurs étables et la ligne ferroviaire. La route a également été rendue impraticable. Ces deux voies de passage ont dû être reconstruites. Les éboulements obstruèrent aussi le cours de la Viège; quelques maisons de Randa furent submergées par les flots et les habitants durent être évacués.

Après St-Niklaus, la ligne ferroviaire suit le cours de la Viège dans les gorges de Kipfen. Entre deux voies de raccordement, où les dalles de pierre de Embd sont transbordées du téléphérique au train de marchandises, elle traverse la rivière.

Le voyage se poursuit sur le flanc gauche de la vallée, offrant au voyageur une vue impressionnante sur une gorge toujours plus profonde. Le train entre ensuite en gare de Stalden et, après un tronçon plus long sur voie à crémaillère, rejoint le creux de la vallée.

La voie ferrée longe ensuite le cours de la rivière jusqu'à Viège, terminus primitif de la ligne Viège – Zermatt ouverte en 1891.

La liaison Viège – Brigue n'est entrée en service qu'en 1930. Le tracé du Brigue – Viège – Zermatt (BVZ), parallèle à celui des CFF, achève son trajet sur la place de la gare de Brigue.

Zermatt – Brig

The Glacier Express begins its eight-hour journey to St. Moritz in Zermatt, a vacation resort whose fame has spread throughout the world. Zermatt Station is now roofed against avalanches, so rail operations can continue in the worst of weathers. From Zermatt to Täsch, too, tunnels and galleries protect much of the line.

Täsch is followed by Randa, a village that has often felt the full force of nature. In winter, avalanches thunder down the steep valley sides. But in April and May 1991 it was landslides that engulfed pastures, cowsheds and the railway line itself. The road was buried, too: both lines of communication had to be rebuilt. The landslides also dammed the River Vispa. Several houses in the village were flooded, and their occupants had to be evacuated.

After St. Niklaus the line follows the Vispa through the Kipfe Gorge. The river is crossed between two sidings where "Embd slabs" of stone are reloaded from aerial ropeways onto waiting wagons.

The line now hugs the left side of the valley, offering an impressive view down into the ever-deepening gorge, until the train pulls into Stalden. The station is followed by a long rack-and-pinion section that brings the line down to the valley floor. The route now follows the river all the way to Visp, the terminus of the Visp – Zermatt Railway when it opened in 1891.

The section between Visp and Brig was not added until 1930. The route runs beside the tracks of the Swiss Federal Railways. The line ends in Brig Station, at the platforms of the Brig – Visp – Zermatt Railway, as the line is now called.

◁◁ **1** Deutlich ist über dem Glacier-Express, der hier oberhalb Randa Richtung Zermatt fährt, die Anrißstelle des Bergsturzes von Randa zu sehen.

Sur ce cliché, on distingue nettement, au-dessus du Glacier-Express qui roule en amont de Randa vers Zermatt, la faille provoquée par le glissement de terrain de Randa.

The bare slope of the Randa landslide is clearly visible above this Glacier Express, en route between Randa and Zermatt.

2

2 Kurz nach dem Verlassen von Zermatt, dem Ausgangspunkt des Glacier-Express, entschwindet das Matterhorn den Blicken der Reisenden.

Juste après Zermatt, un des point de départ du Glacier-Express, la masse du Cervin masque la vue aux voyageurs.

The Matterhorn soon slips from view as the Glacier Express pulls out of Zermatt at the start of its journey.

 3

3 Unterhalb Zermatt verläuft die Bahn direkt neben der Straße, die nur mit einer Spezialbewilligung befahren werden darf. Auf dem Abschnitt Zermatt–Täsch muß die Bahnstrecke an verschiedenen Stellen mit Galerien vor Lawinen und Steinschlag geschützt werden.

En aval de Zermatt, la ligne longe la route qui ne peut être empruntée qu'avec une autorisation spéciale. Sur le tronçon Zermatt–Täsch, des galeries protègent la ligne des avalanches et des chutes de pierres.

Below Zermatt the line runs beside the road, which can only be used with a special permit. The line between Zermatt and Täsch is provided with a number of galleries to protect it from falling rock and snow.

4

5

4 Bei Täsch folgt die Bahnlinie dem Lauf der Vispa.

A Täsch, la ligne longe le cours de la Viège.

At Täsch the line runs beside the River Vispa.

5 Heute kommen keine «Krokodile» mehr vor einem Glacier-Express zum Einsatz, wie dies hier am 18. Oktober 1989 noch der Fall war (oberhalb Randa).

Aujourd'hui, plus aucune «Crocodile» ne circule sur la ligne du Glacier-Express comme ici, le 18 octobre 1989, au-dessus de Randa.

For Glacier Express traction, the famous "Crocodiles" are now just a memory. This one was photographed above Randa on October 18, 1989.

6

6 Unterhalb von Täsch durchfährt der Zug eine weite Ebene. Im Hintergrund erheben sich die vereisten Gipfel des Breithorns (links) und des Chli Matterhorn (rechts).

En aval de Täsch, le train traverse une large plaine. A l'arrière-plan, les pics glacés du Breithorn (à gauche) et du Petit Cervin (à droite).

Below Täsch the line traverses an open plain. The icy peaks of the Breithorn (left) and the Lesser Matterhorn (right) rise up in the distance.

7

7/8 Das Bergsturzgebiet von Randa vor- und nachher: Deutlich erkennt man beim Vergleich dieser beiden Aufnahmen die Veränderung der Landschaft, die durch die beiden Bergstürze vom 18. April und 9. Mai 1991 entstand. Die linke Aufnahme wurde am 5. Oktober 1989 gemacht, die rechte 2 Jahre später am 9. Oktober 1991.

La région de Randa avant et après l'éboulement. A la comparaison de ces deux prises de vue, les traces laissées par les deux éboulements du 18 avril et du 9 mai 1991 sont nettes: la photo de gauche date du 5 octobre 1989, celle de droite a été prise deux ans plus tard, le 9 octobre 1991.

The site of the Randa landslide before and after the event. The changes caused by the slides of April 18 and May 9, 1991 are clearly visible. The photo on the left was taken on October 5, 1989; the one on the right dates from October 9, 1991.

8

9 Diese Stelle unterhalb von Randa, wo der ABDeh 8/8 2042 am 8. 11. 1990 mit dem Glacier-Express Richtung Brig fährt, ist heute von meterhohen Schuttmassen bedeckt. Beim weißen Gipfel über der großen Lärche am rechten Bildrand handelt es sich um das 4509 Meter hohe Weißhorn, einer der höchsten Berge der Schweiz.

Plusieurs mètres d'éboulis recouvrent aujourd'hui cette zone en aval de Randa où passait encore naguère le Glacier-Express en direction de Brigue (tiré ici par l'ABDeh 8/8 2042, le 8. 11. 1990). Le pic blanc au-dessus du grand mélèze, à droite sur ce cliché, est le Weisshorn, une des plus hautes montagnes de Suisse, qui culmine à 4509 mètres.

ABDeh 8/8 No. 2042 has just passed Randa with a Glacier Express bound for Brig. This site – seen here on November 8, 1990 – is now covered with scree several metres thick. The white peak above the large larch on the right is the Weisshorn (4509 metres), one of Switzerland's highest mountains. ▷

10

11

12

10–12 Beim Weiler Lärch unterhalb von Randa führte die Bahnlinie einst durch saftige Weiden. Leider sind heute diese herrlichen Bilder mit den typischen Walliser Stadeln schon Geschichte, da sowohl Gebäude als auch Bahnstrecke unter den Felsmassen des Bergsturzes begraben sind.

Près du hameau de Lärch, en aval de Randa, la ligne traversait naguère de gras pâturages. Malheureusement, ces belles images ne sont plus que souvenirs: ces typiques constructions valaisannes et la ligne de chemin de fer sont ensevelies sous les masses de rochers de l'éboulement de Randa.

At the hamlet of Lärch below Randa the line once led through lush valley pastures. Sadly, these images of typical Valais haysheds are already history: both the line and the buildings are now buried under the screes.

13

14

13–15 So sieht die Landschaft im Gebiet des Bergsturzes heute aus. Im unteren Teil folgt die Bahnlinie zuerst der Straße (Bild 14), die in diesem Abschnitt unversehrt blieb, während im oberen Teil für Bahn und Straße zwei vollständig neue Trassen erstellt werden mußten. Auf Bild 13 sieht man noch die letzten Überreste des Weilers Lärch. Diese Gebäude standen früher direkt oberhalb der Straße Herbriggen–Randa, die heute zum Teil als Fahrpiste für riesige Aushubtransporter dient.

15

Voici le paysage dans la région de l'éboulement tel qu'il se présente aujourd'hui: dans la partie inférieure, le chemin de fer longe d'abord la route (image 4), restée intacte sur ce tronçon; dans la partie supérieure, un nouveau tracé a dû être réalisé pour le chemin de fer et pour la route. Sur l'image 13, on distingue les ruines du hameau de Lärch. Ces maisons se trouvaient alors directement au-dessus de la route Herbriggen–Randa, empruntée maintenant par les gros camions benne affectés au déblaiement.

A view of the landslide area today. In the lower section the line follows the road (Plate 14), which was untouched here. In the upper part, new alignments had to be found for both road and rail. Plate 13 shows the remains of the hamlet of Lärch. These buildings once stood just above the Herbriggen–Randa road. Part of the road has found a new use: for giant trucks removing excavated rock.

18 Oberhalb von St. Niklaus überwindet der Glacier-Express mittels einem Zahnstangen-abschnitt eine Talstufe.

Au-dessus de St-Niklaus, le Glacier-Express franchit une étape dans son ascension de Zermatt à Brigue sur un tronçon à crémaillère.

Above St. Niklaus, a Brig-bound ▷ Glacier Express uses the rack to negotiate a step in the valley floor.

17

16 Unterhalb der Station Herbriggen verläuft die Bahnstrecke ein kurzes Stück direkt neben der Vispa.

En aval de la gare de Herbriggen, la ligne longe brièvement la Viège.

Below Herbriggen Station, the railway briefly runs beside the River Vispa.

17 An dieser Stelle, wo früher die Zahnstangeneinfahrt oberhalb von Herbriggen war, sieht man heute nur noch den Schotter der ehemaligen Bahntrasse, da die neue Strecke kurz nach der Station die alte Linienführung verläßt und der Kantonsstraße folgt.

C'est ici, au-dessus de Herbriggen, que récemment encore, le train à crémaillère prenait son départ. Aujourd'hui, ne subsiste plus que le ballast. La nouvelle ligne quitte le vieux tracé peu après la gare et longe la route cantonale.

At this point above Herbriggen the railway entered a rack-and-pinion section. The ballast of the former trackbed is all that remains. The new line follows the main road, leaving the old alignment just after the station.

Furka-Oberalp

21 Der ABDeh 8/8 2043 fährt mit dem Glacier-Express durch die Kipfenschlucht Richtung Zermatt.

La ADBeh 8/8 2043 entraîne le Glacier-Express à travers les gorges de Kipfen, en direction de Zermatt.

ABDeh 8/8 No. 2043 threads the ▷ Glacier Express through the Kipfe Gorge towards Zermatt.

20

19/20 Einer der eindrücklichsten Abschnitte der Strecke Zermatt–Brig ist die Kipfenschlucht zwischen St. Niklaus und Kalpetran. Nur ein paar wenige Minuten trennen die beiden Aufnahmen auf dieser Doppelseite, die am Nachmittag des 9. September 1991 kurz vor Sonnenuntergang in diesem engen Einschnitt entstanden.

Un des tronçons les plus impressionnants de la ligne Zermatt–Brigue, les gorges de Kipfen, entre St-Niklaus et Kalpetran. Quelques minutes seulement séparent les deux photos de cette double page, prises dans l'après-midi du 6 septembre 1991, peu avant le coucher du soleil dans cet étroit défilé.

One of the most impressive stretches of the Zermatt–Brig line: the Kipfe Gorge between St. Niklaus and Kalpetran. These two photos were taken only minutes apart on September 9, 1991, just before afternoon sunset in this narrow defile.

ZERMATT

22

23

24

22–24 Diese drei Aufnahmen zeigen die Kipfenschlucht etwas oberhalb der Kipfenbrücke, wo die Bahnlinie von der rechten Talseite auf die linke wechselt. Hier wurde der Lauf der Vispa durch Kunstbauten gezähmt (Bild 24). Bei der Kipfenbrücke befinden sich zwei Verladegleise, wo Steinplatten von Transportseilbahnen auf die Eisenbahnwaggons umgeladen werden.

Trois prises de vue de la ligne Zermatt–Brigue dans les gorges de Kipfen, peu en amont du pont du même nom: la ligne passe du flanc droit au flanc gauche du défilé. Ici, le cours de la Viège a été apprivoisé par des remblais (photo 24). C'est près du Kipfenbrücke que se trouvent les deux voies de chargement où les dalles de pierres sont transbordées des bennes du téléphérique sur les wagons du chemin de fer.

Three views of the Zermatt–Brig section in the Kipfe Gorge just above the Kipfe Bridge, where the line switches from the right-hand side of the valley to the left. The Vispa has been artificially channelled at this point (Plate 24). Two sidings are provided at the bridge, where stone slabs are transferred from aerial ropeway to rail.

25

25–27 Die Strecke von der Kipfenbrücke bis Kalpetran verläuft nicht mehr direkt neben der Vispa, wie dies weiter oben der Fall ist, sondern folgt mit nur noch geringem Gefälle der linken Talflanke. Alle drei Aufnahmen entstanden auf diesem kurvenreichen Stück.

Du Kipfenbrücke à Kalpetran, la ligne ne longe plus directement la Viège mais suit très étroitement le flanc gauche de la vallée. Ces trois photos ont été prises sur ce tronçon sinueux.

The stretch from the Kipfe Bridge to Kalpetran leaves the Vispa for a gentler descent on the left-hand valley side. All three photos were taken on this sinuous section.

26

27

◁ **28** Die letzten Sonnenstrahlen beleuchten diesen Zug in der Kipfenschlucht oberhalb von Kalpetran am Nachmittag des 8. November 1990.

Les dernieres rayons du soleil éclairent ce train dans les gorges de Kipfen en amont de Kalpetran, l'après-midi du 8 novembre 1990.

An afternoon train catches the last rays of the sun in the Kipfe Gorge above Kalpetran on November 8, 1990.

29

29 Der Deh 4/4 23 überquert die untere der beiden Faulkinnbrücken unterhalb von Kalpetran.

La Deh 4/4 23 traverse le premier des deux pont de Faulkinn en aval de Kalpetran.

Deh 4/4 No. 23 crosses the lower of the two Faulkinn bridges below Kalpetran.

30 Der Gepäcktriebwagen Deh 4/4 22 auf der kurvenreichen Strecke unterhalb von Kalpetran.

L'automotrice fourgon-postal Deh 4/4 22 sur un tronçon sinueux en aval de Kalpetran.

Deh 4/4 brake motor car No. 22 negotiates the winding section below Kalpetran.

BRIG - VISP - ZERMATT

BRIG - VISP - ZERMATT

◁◁ **31** Hoch über dem Flußbett der Vispa fährt die HGe 4/4 II 1 mit dem Glacier-Express durch herbstlich gefärbte Wälder unterhalb von Kalpetran Richtung Brig.

Surplombant le lit de la Viège, la HGe 4/4 II 1 tire le Glacier-Express vers Brigue à travers l'automne des forêts situées en aval de Kalpetran.

High above the River Vispa, HGe 4/4 II No. 1 hauls its Brig-bound Glacier Express through the autumn woods below Kalpetran.

33

32/33 Früher bestand der Mühlebachviadukt oberhalb von Stalden aus einer Stahlkonstruktion. Diese wurde jedoch 1959 durch eine Spannbetonbrücke ersetzt. Sie ist mit 67 Meter Länge und 43 Meter Höhe die größte Brücke der BVZ.

Jadis, le viaduc de Mühlebach en amont de Stalden était en métal. Il a été remplacé en 1959 par un ouvrage en béton précontraint. Long de 67 mètres et haut de 43 mètres, c'est le plus grand pont du BVZ.

The original Mühlebach Viaduct above Stalden was a steel-girder construction. It was replaced by the present prestressed concrete span in 1959. At 67 metres long and 43 metres high, it is the biggest bridge on the Brig–Visp–Zermatt line.

34

34/35 Oberhalb von Stalden fällt die Strecke über ein längeres Zahnstangenstück steil hinab.

En amont de Stalden, c'est une longue voie à crémaillère qui permet au train de se hisser au-dessus des gorges profondes de la Viège.

Above Stalden, the line enters a steep and long rack-and-pinion section to gain height over the deeply-incised River Vispa.

35

BVZ

◁ **36** Langsam fährt der Deh 4/4 24 mit dem Glacier-Express am Morgen des 17. Oktober 1989 in den Zahnstangenabschnitt oberhalb von Stalden ein.

Dans le petit matin du 17 octobre 1989, la Deh 4/4 24 tracte lentement le Glacier-Express sur ce tronçon à crémaillère en amont de Stalden.

Deh 4/4 No. 24 eases its morning Glacier Express onto the rack above Stalden on October 17, 1989.

37

37/38 Diese beiden Aufnahmen zeigen zwei Züge an derselben Stelle oberhalb der Station Stalden. Während sich der Fotograf bei Bild 37 auf einem Felskopf zwischen dem Gleis und dem gähnenden Abgrund der Vispa-Schlucht befand, zeigt das Bild 38 den Blick von der anderen Talseite über diesen tiefen Einschnitt hinweg.

Sur ces deux photos, deux trains au même passage, en amont de la gare de Stalden. Le photographe de l'image 37 a réalisé son cliché juché sur la pointe d'un rocher situé entre les voies du train et le gouffre béant des gorges de la Viège. Sur l'image 38, une vue de ce profond défilé depuis le flanc opposé.

Two trains at the same location above Stalden Station. The photo in Plate 37 was taken from a promontory between the tracks and the yawning Vispa Gorge; Plate 38 shows the view across this deep incision from the other valley side.

39

40

41

39–41 Auf dem letzten Zahnstangenabschnitt vor Brig steigt die Bahn durch Rebberge von der Station Stalden zur Vispabrücke bei der Ausweichstelle Ackersand hinab.

Sur le dernier tronçon à crémaillère de Zermatt à Brigue, le train descend à travers les vignes de la gare de Stalden jusqu'au pont de la Viège (sur l'image 41, au-dessus de l'arrière du train, à la gare d'évitement d'Ackersand).

The last rack-and-pinion section before Brig takes the line down through vineyards from Stalden Station to the Vispa Bridge (seen above the rear of the train in Plate 41), and begins at the Ackersand passing loop.

43/44 Eine der schönsten Stellen der Brig–Visp–Zermatt-Bahn befindet sich beim Weiler Neubrück zwischen Visp und Ackersand, wo die Strecke unter der neuen und der alten Brücke hindurchführt. Über den Gleisen thront die malerische Kapelle.

Un des plus beaux passages de la ligne Brique–Viège–Zermatt, au hameau de Neubrück, entre Viège et Ackersand: la ligne emprunte le vieux et le nouveau pont. Au-dessus des voies, trône une pittoresque chapelle.

One of the most photogenic sections of the Brig–Visp–Zermatt line is at the hamlet of Neubrück between Visp and Ackersand, where the line passes under new and old bridges across the river. A delightful chapel stands above the tracks.

42

42 Hoch ragt die Kirche von Stalden über der Bahnstrecke empor.

L'église de Stalden se dresse au-dessus de la voie ferrée.

Stalden Church towers over the line.

FO

Brig – Disentis

Die Fahrt mit dem Glacier-Express von Brig nach Disentis führt durch drei Kantone: Wallis, Uri und Graubünden. Zwischen den Endpunkten der Furka – Oberalp-Bahn (FO) liegen die beiden Pässe, die dieser Bahngesellschaft den Namen gegeben haben.

Die Bahnstrecke folgt von Brig bis Oberwald dem Flußlauf der Rotten, die ihren Ursprung im Rhonegletscher oberhalb von Gletsch hat. Bei der Fahrt durch das Goms, wie dieser oberste Teil des Wallis heißt, passiert der Zug Stationen wie Mörel und Betten, von wo Luftseilbahnen zu den bekannten Touristenregionen der Rieder- und Bettmeralp hinaufführen. Anschließend folgen die Ferienorte Lax und Fiesch. An malerischen Dörfern des Obergoms vorbei eilt der Glacier-Express Oberwald zu, um anschließend im Furka-Basistunnel den gleichnamigen Paß zu unterqueren. Bis 1981 fuhr die Bahn noch über den Paß, dies allerdings nur im Sommer.

Nach dem Verlassen des Tunnels ist bis Andermatt die Reuß ständige Begleiterin des Zuges. Von Andermatt führt eine kurze, aber steile Zweigstrecke hinunter nach Göschenen, wo Anschluß an die Gotthardbahn besteht.

In mehreren Kehren klettert nun die Bahn wieder bergwärts zur Kreuzungsstation Nätschen. Ab hier steigt die Strecke gemächlicher an und passiert auf der Oberalp-Paßhöhe (2033 m ü.M.) den höchsten Punkt der Fahrt von Zermatt nach St. Moritz.

Von nun an geht es stetig bergab durchs Tavetsch, den obersten Teil des Vorderrheintales. Zuerst verläuft die Bahnlinie größtenteils in Galerien und Tunnels, die im Winter Schutz vor den Naturgewalten bieten. Weiter unten fährt der Zug an Dörfern wie Rueras, Sedrun und Segnes vorbei, um schließlich die Ortschaft Disentis zu erreichen, die vom mächtigen Klosterbau dominiert wird.

Brigue – Disentis

De Brigue à Disentis, le Glacier-Express traverse trois cantons: le Valais, Uri et les Grisons. Entre ces deux extrémités de la ligne Furka – Oberalp (FO), culminent les deux cols qui ont donné leur nom à cette compagnie de chemins de fer.

De Brigue à Oberwald, la ligne côtoie le Rhône, dont la source sourd au travers des moraines du glacier qui porte son nom, au-dessus de Gletsch. Cette incursion dans les Conches, cette région du Haut-Valais, mène le train à Mörel et à Betten, départs des téléphériques pour les régions touristiques réputées de Riederalp et de Bettmeralp. Puis, nous rejoignons les centres de villégiature de Lax et Fiesch. Le Glacier-Express salue au passage les villages pittoresques de la haute vallée de Conches, file vers Oberwald le tunnel de base de la Furka, évitant ainsi le col du même nom qu'il passait encore en 1981, renété seulement.

Au sortir du tunnel, la Reuss tient fidèlement compagnie au train jusqu'à Andermatt. De Andermatt, le trajet, court mais d'une forte déclivité, mène à Göschenen, correspondance avec la ligne du Gothard.

Sur un parcours sinueux, le train amorce son ascension vers la gare de croisement de Nätschen. La pente s'adoucit ensuite et passe à proximité du col de l'Oberalp (2033 m), point culminant du voyage de Zermatt à Saint-Moritz.

Nous entamons ensuite une longue descente à travers le Tavetsch, la partie la plus élevée de la vallée du Rhin antérieur. La plupart du trajet est recouvert de galeries et ponctué de passages en tunnels, protections indispensables contre les agressions hivernales de la nature. Plus bas, le train traverse les villages de Rueras, Sedrun et Segnes et rejoint enfin Disentis, dominée par les hautes et longues murailles blanches de son couvent.

Brig – Disentis

The journey on the Glacier Express from Brig to Disentis passes through three cantons: Valais, Uri and Grisons. The route between the two extremities of the Furka – Oberalp Railway lies via the two passes that give the line its name.

Between Brig and Oberwald, the railway follows the valley of the Rhone. The river springs from a glacier of the same name, above the village of Gletsch on the Furka Pass. As it travels through the Goms (as this part of the Upper Valais is called), the train passes halts such as Betten and Mörel, from which cable cars lead up to the tourist areas on the higher valley slopes.

Next come Fiesch and Lax – both popular vacation resorts. The train hurries on through picturesque villages to Oberwald and the start of the Furka Base Tunnel. The tunnel was opened in 1981; the former route led over the Furka Pass, and was only open in the summer months.

Leaving the tunnel, the train follows the River Reuss all the way to Andermatt. A short, steep branch line leads from Andermatt down to Göschenen, connecting with the St. Gotthard line of the Swiss Federal Railways.

Our train climbs out of Andermatt through a series of curves to reach Nätschen Station and passing loop. The gradient eases now, up to the summit of the Oberalp Pass – 2033 metres above sea level, and the highest point on our journey.

The route is then downhill all the way, through the Tavetsch, the uppermost part of the Vorder Rhine Valley. The line initially spends much of the time in tunnels and galleries, valuable protection against the winter elements. Lower down, our train passes villages such as Rueras, Sedrun and Segnes before drawing into Disentis, whose townscape is dominated by its famous monastery.

◁◁ **45** Auf dem imposanten Grengiols-Viadukt überquert der Glacier-Express während der Fahrt von Andermatt nach Brig die Rotten.

D'Andermatt à Brigue, le Glacier-Express traverse le Rhône sur l'imposant viaduc de Grengiol.

A Glacier Express between Andermatt and Brig crosses the Rhone on the imposing Grengiols Viaduct.

46

46 Noch Ende der achtziger Jahre waren die HGe 4/4 I der Furka–Oberalp-Bahn (FO) regelmäßig vor dem Glacier-Express anzutreffen. Hier fährt die Lok 31 oberhalb von Mörel Richtung Andermatt.

A la fin des années quatre-vingt, la HGe 4/4 I de la Furka–Oberalp tirait encore fréquemment le Glacier-Express. Ici, la 31, en amont de Mörel, file vers Andermatt.

The HGe 4/4 Is of the Furka–Oberalp Railway were still regular performers on the Glacier Express service at the end of the 1980s. No. 31 is seen above Mörel on an Andermatt-bound train.

47

47 Hinter der HGe 4/4 II 108, die hier den Rottenviadukt bei Betten überquert, ist einer der neuen Panoramawagen der FO eingereiht.

Derrière la HGe 4/4 II 108, qui traverse le Rhône sur le viaduc près de Betten, une des nouvelles voitures panoramiques de la FO.

The train of HGe 4/4 II No. 108, crossing the Rhone Viaduct at Betten, includes one of the Furka–Oberalp's new "panoramic" cars.

48

49

50

48–50 Alle drei Aufnahmen auf dieser Doppelseite entstanden bei der Station Lax. Während auf Bild 48 die HGe 4/4 II 108 am späten Nachmittag des 5. Oktober 1989 mit dem Glacier-Express soeben die Station Lax durchfährt, wartet auf der Aufnahme darunter ein Pendelzug auf die Kreuzung mit der HGe 4/4 I 31. Auf Bild 50 windet sich der Glacier-Express durch die enge Einfahrtskurve von Lax.

Les trois photos de cette double page ont été prises à Lax. Sur l'image 48, prise le 5 octobre 1989 en fin d'après-midi, le Glacier-Express, tiré par la HGe 4/4 II 108 traverse la gare de Lax. Sur l'image en-dessous, un omnibus attelé à la HGe 4/4 I 31 attend au croisement. Sur l'image 50, le Glacier-Express se faufile sur la courbe étroite de l'entrée en gare de Lax.

All three pictures on this double page were taken at Lax Station. Plate 48 shows HGe 4/4 II No. 108 passing through with the Glacier Express in the late afternoon of October 5, 1989. Plate 49 depicts a push-pull service headed by HGe 4/4 I No. 31 waiting in the loop. In Plate 50, the Glacier Express winds around the tight curve on the approach to the station.

51

51 Ohne große Steigung verläuft die Strecke von Lax nach Fiesch dem Hang entlang. Hier ist die HGe 4/4 II 103 mit drei FO-Wagen unterwegs Richtung Andermatt.

De Lax, la ligne monte en pente douce vers Fiesch. Sur ce cliché, la HGe 4/4 II 103 tire trois voitures de la FO en direction d'Andermatt.

Between Lax and Fiesch, the line rises gently along the valley side. HGe 4/4 II No. 103 is in charge of a three-FO-car train on its way to Andermatt.

52 Oberhalb von Fiesch überwindet die Bahn mit Hilfe eines Zahnstangenabschnitts eine weitere Talstufe.

En amont de Fiesch, le train poursuit son ascension sur voie à crémaillère.

Beyond Fiesch the railway enters a rack-and-pinion section to surmount a rise in the valley floor.

103

53

53 Ohne Halt durcheilt die HGe 4/4 II 102 mit dem Glacier-Express die Station Biel im Obergoms, das im Winter ein idealer Ort für Skilangläufer ist.

Le Glacier-Express (tiré ici par la HGe 4/4 II 102) traverse la gare de Biel, dans la haute vallée de Conches, paradis des skieurs de fond.

HGe 4/4 II No. 102 hurries through Biel Station in the Upper Goms, an ideal winter location for cross-country skiers.

54

54 Vor wenigen Minuten hat der Glacier-Express den Furka-Basistunnel bei Oberwald verlassen und strebt nun durchs winterliche Obergoms dem nächsten Etappenziel Brig entgegen. Dieses alpine Hochtal war bis 1982, dem Eröffnungsjahr des Furkatunnels, jeweils im Winter eine verkehrstechnische Sackgasse und nur von Brig her zu erreichen (bei Obergesteln, 11. 3. 1989).

Le Glacier-Express vient de quitter le tunnel de base de la Furka près d'Oberwald et roule maintenant vers Brigue, sa prochaine étape, à travers la haute vallée de Conches, recouverte de son manteau hivernal. Jusqu'en 1982, année d'ouverture du tunnel de la Furka, cette haute vallée alpine devenait en hiver une impasse, accessible que de Brigue (près d'Obergesteln, le 11. 3. 1989).

Having left the Furka Base Tunnel at Oberwald, the Glacier Express heads for Brig through a wintry Upper Goms at Obergesteln on March 11, 1989. All-year through services have only been operated since the tunnel was opened in 1982; before then, the valley could only be reached from Brig in the winter months.

55

55 Deutlich ist hier die Galerie oberhalb der kleinen Haltestelle Blitzingen zu erkennen, die die Bahnstrecke im Winter vor Lawinenniedergängen schützt. Die HGe 4/4 I 31 führt einen Glacier-Express Richtung Brig.

Juste au-dessus de la petite station de Blitzingen, la galerie qui, en hiver, protège la voie ferrée des avalanches. La HGe 4/4 I 31 tire le Glacier-Express vers Brigue.

A good view of the avalanche gallery above Blitzingen Halt. HGe 4/4 I No. 31 leads a Glacier Express bound for Brig.

56

56 Kurz nach dem Verlassen des Furka-Basistunnels überquert die HGe 4/4 I 31 mit dem Glacier-Express die Rotten-Brücke bei Oberwald.

Peu après avoir quitté le tunnel de base de la Furka, le Glacier-Express, emmené par la HGe 4/4 I 31, traverse le Rhône à Oberwald.

Emerging from the Furka Base Tunnel, HGe 4/4 I No. 31 takes its Glacier Express over the Rhone at Oberwald.

Restaurant

◁ **57** Auf der Ostseite der Furka durchfährt der Glacier-Express das Urserental beim Weiler Zumdorf zwischen Realp und Hospental. Im Hintergrund sieht man den Einschnitt des Furkapasses, wo früher einst die Bahn hinaufführte.

La ligne de la Furka–Oberalp traverse l'Urserental sur le flanc est du col de la Furka. Sur ce cliché, le Glacier-Express au hameau de Zumdorf, entre Realp et Hospental. A l'arrière-plan, le couloir du col de la Furka où jadis grimpait le train.

East of the Furka Pass, the Furka–Oberalp Railway descends the Urseren Valley. The photo shows a Glacier Express at the hamlet of Zumdorf, between Realp and Hospental. In the background is the Furka Pass, the railway's pre-tunnel route.

58

58 Während die HGe 4/4 II 103 mit dem Glacier-Express bei Realp in den Furka-Basistunnel einfährt, sieht man am linken Bildrand noch einige Güterwagen der Dampfbahn Furka-Bergstrecke (DFB), deren Ziel es ist, die alte Strecke von Realp über den Furkapaß nach Gletsch und weiter nach Oberwald im Sommer mit Dampfzügen wieder zu befahren.

A Realp, le Glacier-Express emmené par la HGe 4/4 II 103 entre dans le tunnel de base de la Furka. A gauche sur la photo, quelques wagons de marchandises du train à vapeur de la Furka (DFB) destinés à reprendre du service, en été seulement, sur l'ancienne ligne du col, de Realp à Gletsch et jusqu'à Oberwald, tirés par des locomotives à vapeur.

HGe 4/4 II No. 103 leads its Glacier Express into the Furka Base Tunnel at Realp. On the left of the picture are wagons of the "Dampfbahn Furka-Bergstrecke" (Furka Mountain Steam Railway). The DFB aims to restore the old Furka Pass rail route, initially to Gletsch and later all the way to Oberwald. A steam-loco service is planned, operating during the summer months.

59 Vor dem imposanten Hintergrund des Müeterlishorn fährt der Glacier-Express durchs Urserental Richtung Andermatt.

Avec à l'arrière-plan la masse imposante du Müeterlishorn, le Glacier-Express traverse le Urserental en direction d'Andermatt.

Against the impressive backdrop of the Müeterlishorn, an Andermatt-bound Glacier Express heads down through the Urseren Valley.

FO

60 

60/61 In der Zwischensaison genügten für den Glacier-Express noch Mitte der achtziger Jahre 2–3 Wagen, wie es diese beiden Aufnahmen vom 4. November 1986 dokumentieren. Heute sind auch in dieser verkehrsarmen Zeit infolge großer Nachfrage längere Zugskompositionen notwendig. Beide Bilder zeigen den Glacier-Express zwischen Hospental und Realp.

Jusqu'au milieu des années 80, le Glacier-Express n'était composé que de deux ou trois voitures à l'entre-saison (les deux photos de cette double page datent du 4 novembre 1986). Aujourd'hui, même pendant cette période creuse, la forte demande oblige à augmenter le nombre des voitures. Ces deux images montrent le Glacier-Express entre Hospental et Realp.

In the mid-1980s, two or three carriages were adequate capacity for the off-season Glacier Express: both photos were taken between Hospental and Realp on November 4, 1986. Longer trains are needed today to meet the demand, even in the quieter times of the year.

61

62 Die HGe 4/4 II 108 überquert mit einem Glacier-Express-Vorläuferzug soeben den Richleren-Viadukt bei Hospental. ▷

La HGe 4/4 II 108, attelée à un vieux Glacier-Express, traverse le viaduc de Richleren, près d'Hospental.

HGe 4/4 II No. 108 crosses the Richleren Viaduct at Hospental with a forerunner to the Glacier Express.

FO
Furka-Oberalp

Viafier retica
Ferrovia retica

63/64 Nach Andermatt steigt die Strecke der Furka–Oberalp-Bahn mittels mehreren Kehren steil Richtung Oberalppaß. Beide Aufnahmen dieser Doppelseite entstanden auf diesem Abschnitt. Auf Bild 63 durchfährt der Glacier-Express vor dem Hintergrund des Urserentals saftige Blumenwiesen (27. Juni 1986), während in der Gegenrichtung ein Zug vor den schon schneebedeckten Gipfeln nach Andermatt hinabsteigt (13. Oktober 1989).

63

Après Andermatt, entre Brigue et Disentis, la ligne de la Furka–Oberalp amorce une série de courbes raides en direction du col de l'Oberalp. Les deux photos de cette double page ont été prises sur ce tronçon. Sur l'image 63, datée du 27 juin 1986, le Glacier-Express traverse des pâturages couverts de fleurs avec, pour toile de fond, l'Urserental, cependant qu'un train descend en direction d'Andermatt devant des cimes déjà enneigées (image 64, 13 octobre 1989).

Leaving Andermatt for Disentis, the Furka–Oberalp line winds in a series of reverse curves up towards the Oberalp Pass. Both photos were taken on this section. In Plate 63, the Glacier Express climbs through flowering alpine meadows on June 27, 1986, with the Urseren Valley behind. Plate 64 shows a train descending towards Andermatt on October 13, 1989; the peaks in the background are already capped with snow.

65 Vor dem Hintergrund der schroffen Felswände der Schöllenen klettert die HGe 4/4 II 107 mit dem Glacier-Express von Andermatt hinauf Richtung Nätschen.

La HGe 4/4 II 107 grimpe avec le Glacier-Express d'Andermatt à Nätschen. A l'arrière-plan, l'abrupte paroi rocheuse du Schöllenen.

HGe 4/4 II No. 107 hauls its Glacier Express up towards Nätschen. In the background are the steep rock walls of the Schöllenen Gorge. ▷

64

107

66

66/67 Die flache Dezembersonne zeichnet lange Schatten auf den glitzernden Schnee. In der Wintersaison verkehrt nur ein Glacier-Express-Zugspaar auf der Strecke Zermatt–St. Moritz. Allerdings bedeutet dies keineswegs eine Verschnaufpause für die Furka–Oberalp-Bahn, die in dieser Zeit eine große Zahl von Skitouristen befördert. Beide Aufnahmen entstanden auf dem Streckenabschnitt zwischen Andermatt und Nätschen.

Le soleil bas de décembre dessine de longues ombres sur la neige brillante. En hiver, seuls deux Glacier-Express circulent sur la ligne Zermatt–St-Moritz. Ce qui, pour la ligne Furka–Oberalp, n'est pas synonyme de pause car elle transporte à cette époque de l'année un grand nombre de skieurs. Ces deux photos ont été prises entre Andermatt et Nätschen.

The low December sun casts long shadows on the glistening snow. Only one Glacier Express is operated each way between Zermatt and St. Moritz in the winter months. But traffic on the Furka–Oberalp remains heavy, with the large numbers of skiers carried by the line. Both photos were taken between Andermatt and Nätschen.

67

68/69 Früher bestand die Fahrleitung unterhalb der Station Nätschen fast durchwegs aus Holzmasten, und vor dem Glacier-Express kamen nur Loks vom Typ HGe 4/4 I zum Einsatz (Bild 68, 25. Oktober 1985), während heute wuchtige Metallmasten die alten aus Holz ersetzen und fast ausschließlich HGe 4/4 II verkehren (Bild 69, 11. Oktober 1990). Im Verlaufe dieses Zeitraums wurde auch bei der Alphütte links im Bild 68 das Dach aus Holzschindeln durch ein solches aus Eternit ersetzt.

68

Jadis, les poteaux de la ligne en aval de la gare de Nätschen étaient presque tous en bois et seules des locomotives du Type HGe 4/4 I tiraient le Glacier-Express (image 68, le 25 octobre 1985). Aujourd'hui de solides pylônes métalliques ont remplacé leurs ancêtres en bois et les vieilles locomotives ont presque toutes été remplacées par des HGe 4/4 II (image 69, le 11 octobre 1990). Dans le même temps, les bardeaux de la cabane de montagne (à gauche sur l'image 68) ont fait place à une toiture en éternit.

The catenary below Nätschen Station was originally supported by wooden masts, and the Glacier Express was solely entrusted to the HGe 4/4 I locomotives (Plate 68, October 25, 1985). The masts are now metal, and the express is handled almost exclusively by the HGe 4/4 IIs (Plate 69, October 11, 1990). The roof of the hut in the background has changed, too: the wooden shingling has been replaced by "Eternit" (asbestos cement).

69

70 In den letzten Jahren hat die Furka–Oberalp-Bahn große Anstrengungen unternommen, um den Abschnitt Nätschen–Oberalpsee wintersicher auszubauen. Im Bild transportiert ein Hubschrauber der Heliswiss Lawinenverbauungen vom Oberalppaß auf die 300 Meter höher gelegene Baustelle.

Durant ces dernières années, la compagnie de la Furka–Oberalp s'est efforcée d'améliorer la sécurité en hiver sur le tronçon Nätschen–Oberalpsee. Sur cette image, un hélicoptère de Heliswiss transporte des éléments de protections d'avalanches du col de l'Oberalp au chantier situé 300 mètres plus haut.

The Furka–Oberalp has made great efforts to protect the section between Nätschen and the Oberalp Lake from the winter elements in the past few years. Here a helicopter lifts avalanche barriers up to the construction site some 300 metres above the line. ▷

Furka-Ober

FO
108

71

71–73 Im gleichen Streckenabschnitt entstanden auch alle drei Aufnahmen auf dieser Doppelseite.

Les trois prises de vue de cette double page ont été faites sur le même tronçon.

Three views of the section between Nätschen and the Oberalp Lake.

72

73

74

74/75 Herrliche Fotomotive bietet auch der auf 2025 m ü. M. gelegene Oberalpsee. Während im Bild 74 ein Glacier-Express die ehemalige Haltestelle Oberalpsee durchfährt, spiegelt sich auf Bild 75 ein neuer Panoramawagen der Furka–Oberalp-Bahn im glasklaren Wasser des Sees.

L'Oberalpsee, situé à 2025 mètres, offre de beaux sujets de photos. Sur l'image 74, un Glacier-Express traverse l'ex-gare d'Oberalpsee et, sur l'image 75, l'eau limpide du lac nous renvoie l'image d'une voiture panoramique de la Furka–Oberalp.

The Oberalp Lake, 2025 metres above sea level, is a favourite spot with photographers. In Plate 74, a Glacier Express passes the site of Oberalp Lake Halt; in Plate 75, one of the Furka–Oberalp's new "panoramic" cars is mirrored in the waters of the lake.

76 Der von Disentis kommende Glacier-Express fährt am unteren Ende des Oberalpsees in die Zahnstangenstrecke Richtung Nätschen ein.

Le Glacier-Express en provenance de Disentis fait route vers Nätschen sur le tronçon à crémaillère au bout du lac d'Oberalp.

A Glacier Express from Disentis engages the rack at the western end of the Oberalp Lake.

75

76

77

77–79 Im Winter, wenn die Paßstraße geschlossen ist, lohnt sich eine Fahrt im Glacier-Express über den Oberalppaß ganz besonders. Die Bilder entstanden unter- und oberhalb von Tschamut (Bilder 77 und 78) und bei Acla (Bild 79).

C'est en hiver, quand le col est fermé, qu'un voyage en Glacier-Express s'impose. Ces photos ont été prises en aval et en amont de Tschamut (77 et 78) et à Acla (79).

A journey on the Glacier Express is particularly impressive in winter, when the Oberalp Pass road is closed. These photos were taken below and above Tschamut (Plates 77 and 78) and at Acla (Plate 79).

78

79

80

80/81 Nach dem Kulminationspunkt auf dem Oberalppaß führt die Bahn dem Hang entlang bis nach Dieni hinunter. Auf diesem Abschnitt hat man eine fantastische Aussicht auf die Dörfer Tschamut und Selva sowie auf das Quellgebiet des Vorderrheins.

Passé le point culminant du col de l'Oberalp, le train amorce sa descente vers Dieni. Sur ce tronçon, la vue sur les villages de Tschamut et de Selva et sur le massif de la source du Rhin antérieur est unique.

After the summit of the Oberalp Pass, the line descends to Dieni along the valley side. This stretch offers superb views of the villages of Tschamut and Selva, and the headwaters of the Vorder Rhine.

81

82

83

82 Eines der schönsten Bauwerke der FO ist sicher der Bugnei-Viadukt, der hier von einem mit einer alten HGe 4/4 I geführten Glacier-Express überquert wird.

Le viaduc de Bugnei, une des plus belles réalisations de la FO, qu'un Glacier-Express tiré par une vieille HGe 4/4 I traverse.

The Bugnei Viaduct is one of the finest structures on the Furka–Oberalp line. A Glacier Express heads across it with one of the older HGe 4/4 Is in command.

84

83/84 Beide dieser in Richtung Andermatt fahrenden Züge sind mit einer neuen HGe 4/4 II bespannt. Aufgenommen wurden sie bei Sedrun (Bild 83) und unterhalb der Haltestelle Bugnei (Bild 84).

Ces deux trains en route vers Andermatt sont couplés à une nouvelle HGe 4/4 II: A Sedrun (image 83) et en aval de la gare de Bugnei (image 84).

Both these Andermatt-bound trains are powered by the newer HGe 4/4 IIs. Plate 83 is at Sedrun, Plate 84 below Bugnei Halt.

Disentis – Chur (– Davos)

In Disentis erfolgt die Übergabe des Glacier-Express an die dritte und letzte Bahngesellschaft: die Rhätische Bahn (RhB). Kurze Zeit nach dem Ankuppeln der RhB-Lok verläßt der Zug das Klosterdorf und beginnt seine lange Fahrt durch das Vorderrheintal nach Chur. Sumvitg-Cumpadials und Rabius-Surrein heißen die Stationen, bevor die markante Kirche von Trun auftaucht. Abwechselnd auf der linken und auf der rechten Seite des Vorderrheins eilt der Glacier-Express Ilanz zu, der größten Ortschaft zwischen Disentis und Chur.

Zuerst verläuft die Bahntrasse noch durch saftige Weiden. Unterhalb von Castrisch, einem malerischen Bündnerdorf, wechselt jedoch plötzlich die Landschaft. Immer höher werden die schroffen Talflanken, die größtenteils aus Felsen und Steinschutthalden bestehen. In dieser Schlucht folgt der Zug meistens eng dem Flußlauf. Diese einmalige Landschaft entstand nach dem prähistorischen Bergsturz von Flims, durch den sich der Rhein ein neues Bett graben mußte. Nur dem Bahnreisenden bietet sich dieser imposante Ausblick, umfährt doch die Hauptstraße hoch oben an Laax und Flims vorbei den tiefen Geländeeinschnitt.

Unterhalb des Wackenauer Sporns, der engsten Stelle in dieser wilden Schlucht, weitet sich das Tal, und der Zug hält in Reichenau, wo Vorder- und Hinterrhein zusammenfließen. Hier trifft der Glacier-Express auf die Route eines anderen berühmten Schmalspurzuges, des Bernina-Express.

Ein kleiner Teil des Zuges fährt weiter nach Chur und Landquart, um anschließend seine Reise durch das Prättigau nach Klosters und Davos fortzusetzen, während der eigentliche Glacier-Express hier seine Fahrtrichtung wechselt und Richtung Engadin weiterfährt.

Disentis – Coire (– Davos)

A Disentis, le Glacier-Express confie la suite de son voyage à une troisième et dernière compagnie de chemins de fer: le Chemin de fer rhétique (RhB). La motrice du RhB attelée, le train quitte la cité des bénédictins et entreprend sa longue traversée de la vallée du Rhin antérieur en direction de Coire. Deux petites stations, Sumvitg-Cumpadials et Rabius-Surrein, précèdent Trun et son église aux dimensions impressionantes.

Passant d'une rive à l'autre du Rhin antérieur, le Glacier-Express file vers Ilanz, la plus grande localité entre Disentis et Coire. Le tracé de la ligne passe d'abord au milieu de gras pâturages. En aval de Castrisch, pittoresque village grison, le paysage change soudain. Les flancs escarpés de la vallée, amas de roches et de pierriers, s'élèvent encore. Dans cette cluse, le train épouse étroitement le cours de la rivière. Dans un décor exceptionnel, héritage de l'éboulement préhistorique de Flims, le Rhin a dû creuser des gorges sinueuses. Seul le voyageur du Glacier-Express peut jouir de ce spectacle grandiose, car la route principale fait un détour prudent sur le plateau, par Laax et Flims, au-dessus du profond défilé.

Au passage le plus étroit de ce goulet sauvage, sous l'éperon rocheux du Wackenauer Sporn, la vallée s'élargit et le train fait halte à Reichenau, au confluent des Rhins antérieur et postérieur. Ici, le Glacier-Express croise le chemin d'un autre fameux train à voie étroite, le Bernina-Express. Une petite partie du convoi continue vers Coire et Landquart et poursuit ensuite sa route à travers le Prättigau, en direction de Klosters et Davos, alors que le Glacier-Express lui, change de cap et se dirige vers l'Engadine.

Disentis – Chur (– Davos)

At Disentis the Glacier Express is handed over to the third and last of its operators, the Rhaetian Railway. Locomotives are changed, and we are soon pulling away down the Vorder Rhine Valley for Chur. Sumvitg-Cumpadials and Rabius-Surrein are passed before Trun's striking church comes into view. Switching valley sides as it goes, the train then heads for Ilanz, the largest settlement between Disentis and Chur.

After Ilanz, the line strikes out through lush meadows. But below the pleasant village of Castrisch the landscape suddenly changes. The valley sides of rock and scree rise higher and higher. Rail clings to river in this impressive gorge, which was formed by a prehistoric landslide and the Rhine's subsequent efforts to cut a new course. The views are exclusive to the railway traveller: the main road makes a wide detour of the area.

Below the Wackenauer Sporn, the narrowest point in this wild gorge, the valley opens out again. The train draws into Reichenau, where the Vorder and Hinter Rhine rivers converge. The Glacier Express meets the route of another famous narrow-gauge train, the Bernina Express.

A small portion of the Glacier Express goes on to Chur and Landquart, to continue its journey through the Prättigau to Klosters and Davos. The Glacier Express proper reverses direction here and heads for the Engadine.

86

87

◁◁ **85** Eine Ge 4/4 II passiert auf ihrer Fahrt ins Bündner Oberland den «Wackenauer Sporn» bei Trin.

Dans cette haute vallée des Grisons, une Ge 4/4 II au Wackenauer Sporn, près de Trin.

A Ge 4/4 II passes the Wackenauer Sporn at Trin as it heads into the Bündner Oberland.

88

86 Das Wahrzeichen von Disentis ist der markante Barockbau des Benediktinerklosters.

Symbole de Disentis, son imposant couvent bénédictin.

Landmark of Disentis: the impressive Benedictine monastery.

87/88 Beide Aufnahmen zeigen Glacier-Express-Kompositionen zwischen Trun und Disentis/Mustér.

Sur ces deux clichés, le Glacier-Express entre Trun et Disentis-Mustér.

Two views of the Glacier Express between Trun and Disentis.

RESTAURANT

◁◁ **89** Die Fahrt durch den «Grand Canyon der Schweiz», wie die «Ruin Aulta» auch genannt wird, gehört sicher zum Eindrücklichsten, was der Glacier-Express zu bieten hat!

Le «Grand Canyon suisse», c'est ainsi que l'on nomme la «Ruin Aulta»: l'attraction la plus impressionnante que peut vous offrir le Glacier-Express!

One of the highlights of any Glacier Express journey is the ride through the "Ruin Aulta", Switzerland's own Grand Canyon.

91

90 In der Mitte dieses Zuges, der unterhalb von Ilanz aufgenommen wurde, ist der längste Speisewagen der Welt eingeordnet.

Au milieu de ce train, ici en aval d'Ilanz, le plus long wagon-restaurant du monde.

This train, seen below Ilanz, includes the longest restaurant car in the world.

91 Bei Isla Bella überquert die Bahn auf einer Stahlbrücke den Vorderrhein.

A Isla Bella, le train traverse le Rhin antérieur sur un pont métallique.

At Isla Bella the line crosses the Vorder Rhine on a steel girder bridge.

92

92 Überall an der Strecke erinnern riesige Stapel von Fallholz an den Orkan «Vivian» vom 27. Februar 1990.

Cet enchevêtrement de troncs d'arbres au-dessus de la voie nous rappele le passage de «Viviane», l'ouragan qui a sévi le 27 février 1990.

The piles of timber along the route are a reminder of Hurricane Vivian, which hit the area on February 27, 1990.

93 Die Ge 6/6 II 701 hat mit ihrem Schnellzug soeben den Bündner Kantonshauptort Chur in Richtung Reichenau verlassen.

La Ge 6/6 II 701 et son express quittent Coire, la capitale des Grisons, en direction de Reichenau.

Ge 6/6 II No. 701 has just left Chur, capital of the Grisons, with a fast train for Reichenau.

94 Ein bunt zusammengestellter Glacier-Express ist bei Castrisch unterwegs Richtung Disentis.

A Castrich, un Glacier-Express insolite en route vers Disentis.

A colourfully-marshalled Glacier Express passes Castrisch en route to Disentis.

93

94

95

95/96 Der Glacier-Express-Flügelzug nach Davos besteht eigentlich nur aus einem einzelnen Erst/Zweitklass-Kurswagen, der teilweise einem normalen Schnellzug mitgegeben wird. Beide Bilder zeigen den Morgenzug auf der Talfahrt von Davos nach Landquart am Schwarzsee bei Davos Laret und unterhalb von Klosters.

La navette du Glacier-Express pour Davos ne se compose en fait que d'une seule voiture avec compartiments de première et deuxième classe, parfois attelée à un express normal. Sur ces deux photos, le train du matin en provenance de Davos descend vers Landquart, d'abord à hauteur de Davos Laret, au Lac Noir, puis en aval de Klosters.

The Glacier Express portion for Davos consists of a single first and second class coach, which is sometimes attached to a scheduled fast service. Both photos show the morning train descending from Davos to Landquart – by the Schwarzsee at Davos Laret, and below Klosters.

96

Chur – Samedan – St. Moritz

Die Strecke Chur – Samedan wird von den zwei berühmten Schmalspur-Expresszügen, dem Glacier-Express (Zermatt – St. Moritz) und dem Bernina-Express (Chur – Tirano), befahren. Dem Flußlauf des Hinterrheins folgend, erreicht der Zug nach den Stationen Domat-Ems, Reichenau, Bonaduz und Rhäzüns die Talschaft des Domleschg. Mildes Klima und ideale verkehrstechnische Lage veranlaßten im Mittelalter verschiedene Adelige zum Bau einer großen Zahl von Burgen und Schlössern. Auch heute noch können diese imposanten Bauwerke, die meist an äußerst schwer zugänglichen Lagen errichtet wurden, bewundert werden.

Nach Thusis überquert die Bahnstrecke den Hinterrhein und führt durch die wilde Schinschlucht nach Tiefencastel. Dieser tiefe Einschnitt erforderte beim Bahnbau die Konstruktion von mehreren Tunnels und Brükken. Oberhalb von Tiefencastel weitet sich das Tal, und kurz vor Filisur überquert die Bahn den berühmten Landwasser-Viadukt.

In Filisur beginnt nun der eigentliche Aufstieg zum Albula-Paß. In vielen Kehren, durch Tunnel und über Brücken, windet sich die Strecke empor. Den Blick auf das malerische Dorf Bergün kann der Reisende aus verschiedenen Perspektiven genießen, bevor der Zug zwischen diversen Kehrtunnel den Albula-Fluß viermal überquert.

In Preda verschwindet die Bahn im 5864 Meter langen Albulatunnel, um erst im Val Bever, einem Seitental des Oberengadins, wieder ans Tageslicht zu kommen. Am Dorf Bever vorbei wird nach kurzer Zeit Samedan erreicht, wo sich die Wege von Bernina- und Glacier-Express trennen. Während der Glacier-Express nur noch wenige Kilometer bis zu seinem Ziel St. Moritz zurückzulegen hat, strebt der Bernina-Express dem fernen Tirano zu.

Coire – Samedan – St-Moritz

Deux célèbres trains à voie étroite, le Glacier-Express (Zermatt – St. Moritz) et le Bernina-Express (Coire – Tirano), empruntent la ligne Coire-Samedan. Longeant le Rhin antérieur, le train passe par Domat-Ems, Reichenau, Bonaduz et Rhäzüns avant de s'engager dans la vallée de Domleschg. Un climat favorable et une situation idéale de contrôle du transit ont permis à certains nobles du Moyen-Age de construire un grand nombre de fortins et de châteaux.

Après Thusis, la voie traverse le Rhin postérieur et s'aventure dans les gorges sauvages du Schin, direction Tiefencastel. Cette entaille profonde a contraint les constructeurs à percer nombre de tunnels et à jeter plusieurs ponts au-dessus de vides impressionnants. En amont de Tiefencastel, la vallée s'élargit et, juste avant Filisur, le train passe sur le célèbre viaduc de Landwasser.

A Filisur seulement, commence la montée au col de l'Albula. Le train escalade, inexorable, cette pente sinueuse entrecoupée de tunnels et agrémentée de passages en viaducs. Le voyageur assiste alors à un spectacle peu commun: il découvre le village pittoresque de Bergün sous divers angles avant que le train, entre de nombreux tunnels en courbes, traverse quatre fois l'Albula.

A Preda, le train disparaît dans le tunnel de l'Albula, long de 5864 mètres, pour ne réapparaître à la lumière du jour que dans le Val Bever, vallée transversale á la Haute-Engadine. Peu après le village de Bever, le train entre en gare de Samedan, où les chemins du Bernina-Express et du Glacier-Express se séparent: alors que le Glacier-Express ne parcourt plus que quelques kilomètres jusqu'à St-Moritz, sa destination, le Bernina-Express se lance vers le sud, en direction de la lointaine Tirano.

Chur – Samedan – St. Moritz

The line between Chur and Samedan is travelled by two prestigious narrow-gauge trains, the Glacier Express (Zermatt – St. Moritz) and the Bernina Express (Chur – Tirano). Following the course of the Hinter Rhine River, the train passes through Domat-Ems, Reichenau, Bonaduz and Rhäzüns to enter the Domleschg. With its mild climate and its importance for communications, many aristocrats built castles in this valley in the Middle Ages. Often constructed on virtually inaccessible sites, a number of these can still be seen, in ruins or still largely intact.

After Thusis, the line crosses the Hinter Rhine and heads through the wild Schin Gorge to Tiefencastel. With the difficult local topography, a number of tunnels and bridges were needed for the line's construction. Above Tiefencastel, the valley widens out, and shortly before Filisur our train negotiates the spectacular Landwasser Viaduct.

Filisur marks the start of the climb up to the Albula Pass. In a series of reverse curves, tunnels and bridges, the line snakes up the valley. The pretty village of Bergün is viewed from a variety of angles; and the River Albula is crossed four times between the impressive spiral tunnels that dominate this stretch.

On through Preda and the line disappears into the 5864-metre Albula Tunnel. It emerges in Val Bever, a side valley of the Upper Engadine. Speeding through the village of Bever, our train soon reaches Samedan, where the routes of the Glacier and Bernina Express divide. The Glacier Express has only a few more kilometres to its destination, St. Moritz; the Bernina Express sets out across the valley for the more distant destination of Tirano.

98

99

◁◁ **97** Ge 4/4 II 616 mit Bernina-Express bei Bonaduz.

Le Ge 4/4 II 616 attelée au Bernina-Express, à Bonaduz.

Ge 4/4 II No. 616 in charge of the Bernina Express at Bonaduz.

100

98–100 Alle drei Aufnahmen zeigen typische Schnellzugs-, Glacier- und Bernina-Express-Kompositionen zwischen Reichenau und Thusis in Domleschg.

Sur ces trois clichés, les compositions typiques du Glacier-Express et du Bernina-Express entre Reichenau et Thusis, à Domleschg.

Three views of express trains – untitled, Glacier and Bernina – in the Domleschg, between Reichenau and Thusis.

101

102

103

101–103 Alle Aufnahmen auf dieser Doppelseite entstanden in der Umgebung des bekannten Landwasserviaduktes bei Filisur.

Les photos de cette double page ont été prises dans la région du fameux viaduc de Landwasser, près de Filisur.

All the views on these pages were taken at and around the famous Landwasser Viaduct at Filisur.

104 Winterstimmung am Landwasserviadukt.

Décor hivernal pour le viaduc de Landwasser.

Winter at the Landwasser Viaduct.

105

105 Frisch verschneit präsentiert sich die Landschaft bei Bergün.

Le paysage fraîchement enneigé à Bergün.

The scenery at Bergün with a fresh cover of snow.

630
75.8

Furka-Oberalp

◁ **106** Kurz nach Sonnenaufgang passiert der Glacier-Express das malerische Dörfchen Latsch.

Peu après le coucher du soleil, le Glacier-Express traverse le hameau de Latsch.

The Glacier Express passes the village of Latsch soon after sunrise.

107

107/108 Zwischen Bergün und Preda gewinnt die Bahn mittels mehrerer Schleifen und Kehrtunnels an Höhe: Auf dem linken Bild befindet sich die Ge 4/4 II mit dem Bernina-Express bereits auf der zweiten Stufe ob Bergün. Auf dem rechten Bild überquert die Ge 6/6 II 701 den Albula I-Viadukt oberhalb von Muot.

Entre Bergün et Preda, le train absorbe lacets et tunnels en courbes: sur l'image de gauche, la Ge 4/4 II et le Bernina-Express effectuent leur second passage au-dessus de Bergün. Sur l'image de droite, la Ge 6/6 II 701 traverse le viaduc de l'Albula I au-dessus de Must.

Between Bergün and Preda the line gains height through a series of curves and spiral tunnels. On the left, a Ge 4/4 II-headed Bernina Express has reached the second level above Bergün. On the right, Ge 6/6 II No. 701 crosses Albula Viaduct No. 1 above Muot.

108

109

109/110 Durch den Albulatunnel und das Val Bever erreicht die Bahn bei Bever das Engadin.

A travers le tunnel de l'Albula et le Val Bever, le train rejoint Bever, en Engadine.

Having negotiated the Albula Tunnel and Val Bever, the line enters the Engadine at Bever village.

111 Glacier-Express zwischen Samedan und Bever.

Le Glacier-Express entre Samedan et Bever.

A Glacier Express between Samedan and Bever.

112 Frühmorgens hat der Glacier-Express St. Moritz verlassen. Unterhalb von Celerina ist er hier dem Inn entlang Richtung Samedan unterwegs. ▷▷

Tôt le matin, le Glacier-Express a quitté St-Moritz. En aval de Celerina, il longe l'Inn en direction de Samedan.

The early-morning Glacier Express has just left St. Moritz. It is seen below Celerina, following the River Inn towards Samedan.

110

111

Scuol
707

Samedan – Pontresina – Tirano

In Samedan verläßt der Bernina-Express die Albulastrecke und fährt nach Pontresina. Hier werden die Triebfahrzeuge ausgetauscht, da die nun folgende Weiterfahrt mit Gleichstrom erfolgt, während die Strecke von Chur bis hierher mit Wechselstrom betrieben ist. Die einst selbständige Gesellschaft der Berninabahn fuhr seit der Eröffnung im Jahre 1908 elektrisch, während auf der Albulastrecke immer noch Dampfzüge verkehrten. Die langgezogenen 70‰-Steigungen auf der Südseite des Berninapasses wären nur sehr schwer mit der Dampftraktion zu bewältigen gewesen.

Oberhalb der Haltestelle Morteratsch überquert die Trasse den Fluß. Hier bietet sich dem Reisenden ein herrlicher Blick auf die vergletscherten Bergspitzen der Berninagruppe. Nun verläuft die Bahnstrecke parallel zur Bernina-Paßstraße, schwenkt bei der Haltestelle Bernina-Lagalp ab und setzt in einem weiten Bogen auf dem Gebiet der Alp Bondo zum letzten Aufstieg Richtung Berninapaß an.

Am Lago Bianco vorbei und durch lange Galerien setzt der Bernina-Express seine Reise fort nach Alp Grüm. Von dieser hochalpinen Aussichtsterrasse mit Blick auf den Palügletscher beginnt nun der lange Abstieg in unzähligen Kehren über die Zwischenstation Cavaglia nach Poschiavo im Puschlav.

Ganz anders ist der Charakter der Dörfer in diesem Bündner Südtal, an denen der Zug nun vorbeifährt. Unterhalb Brusio wurde von den Bahnkonstrukteuren ein einzigartiges Bauwerk erstellt: ein Kreiskehrviadukt, eine 360°-Wendeschleife, diesmal aber nicht in einem Tunnel!

Bei Campocologno verläßt der Bernina-Express die Schweiz, um wenige Minuten später in der Endstation Tirano einzutreffen.

Samedan – Pontresina – Tirano

A Samedan, le Bernina-Express quitte la ligne de l'Albula et roule vers Pontresina. C'est ici que l'on procède à l'échange des motrices, car la ligne est électrifiée en courant continu, contrairement au trajet Coire–Pontresina, sous courant alternatif. Le Chemin de fer de la Bernina, jadis compagnie indépendante, était déjà électrifié en 1908, année de son inauguration, alors que sur la ligne de l'Albula soufflaient encore les locomotives à vapeur. Une locomotive à vapeur aurait bien du mal à absorber les longues déclivités de 70‰ du flanc sud du col de la Bernina.

En amont de Morteratsch, la voie ferrée traverse la rivière. Ici, le voyageur jouit d'une vue superbe sur les pics glacés du massif de la Bernina. La ligne longe maintenant la route du col de la Bernina, s'incurve à la station Bernina-Lagalp et amorce une dernière courbe sur la région de l'Alpe Bondo avant l'ultime montée en direction du col de la Bernina. Le Bernina-Express poursuit son voyage vers l'Alp Grüm, longeant le lac Blanc sur un parcours recouvert de longues galeries. De ce site haut-alpin, avec vue sur le glacier du Palü, le train entame une longue et sinueuse descente via la station intermédiaire de Cavaglia, vers Poschiavo, dans le Puschlav.

Tout autre est le caractère des villages de cette vallée sud des Grisons que le train visite. En aval de Brusio, les architectes ont bâti un édifice original: un viaduc circulaire, une boucle, mais pas en tunnel cette fois-ci.

A Campocologno, le Bernina-Express quitte la Suisse et, quelques minutes plus tard, termine son voyage à la gare de Tirano.

Samedan – Pontresina – Tirano

The Bernina Express leaves the Albula line at Samedan. A change of locomotive is needed: the Bernina line operates on direct current, whereas the route from Chur has had a.c. electrification. In fact, the Bernina Railway was electrified from the start of its operations in 1908, a time when steam still ruled over the Albula. The long one-in-34 gradients on the southern side of the Bernina Pass would have been too daunting a task for steam traction.

The line crosses the river above Morteratsch Halt, offering the traveller a superb view of the glaciated peaks of the Bernina group. The line now runs parallel to the pass road. It swings away at Bernina Lagalp Halt, gaining the last few metres of height in a wide curve at Alp Bondo.

Skirting Lago Bianco and plunging through long avalanche galleries, the Bernina Express continues on to Alp Grüm. Here, with high-alpine views of the Palü Glacier, begins the long and sinuous descent through Cavaglia Halt and into the Poschiavo Valley.

The villages now are quite different in character. Below Brusio, the line comes to a work of civil engineering whose fame has spread far beyond Switzerland: a complete spiral, entirely in the open.

At Campocologno our train crosses into Italy; a few minutes later it pulls into Tirano, the end of the line.

◁◁ **113** Kurz vor dem Erreichen des Kulminationspunktes auf 2253 m ü. M. bietet sich den Reisenden des Bernina-Express ein herrlicher Blick auf den Cambrena-Gletscher und den Piz Cambrena.

Peu avant d'atteindre le point culminant à 2253 mètres, le voyageur du Bernina-Express jouit d'une vue superbe sur le glacier de Cambrena et sur le Piz Cambrena.

Just before the line's summit at 2253 metres above sea level, the Bernina Express offers its travellers a superb view of the Cambrena Glacier and Piz Cambrena.

114

114/115 Früher wurde der Bernina-Express zwischen Samedan und Pontresina öfters auch einmal von einem «Krokodil» geführt (Bild 114), während heute vor allem Ge 4/4 I (Bild 115) oder Ge 4/4 II zum Einsatz kommen.

Jadis, les «Crocodiles» tiraient fréquemment le Bernina-Express entre Samedan et Pontresina (image 114). Aujourd'hui, elles ont cédé la place aux Ge 4/4 I (image 115) et aux Ge 4/4 II.

Between Samedan and Pontresina, the Bernina Express was occasionally entrusted to a "Crocodile" (Plate 114). Today, Ge 4/4 Is (Plate 115) or Ge 4/4 IIs are the usual motive power.

115

116

117

118

116 Unmittelbar nach der Haltestelle Morteratsch beginnt die 70‰-Steigung Richtung Montebello.

Juste après la gare de Morteratsch, la côte en direction de Montebello accuse une déclivité de 70‰.

The 1-in-14 climb to Montebello begins just after Morteratsch Halt.

117 Der Bernina-Express durchquert den Talboden zwischen Surovas und Morteratsch.

Le Bernina-Express au fond de la vallée, entre Surovas et Morteratsch.

The Bernina Express hurries along the valley floor between Surovas and Morteratsch.

118 Bei Pontresina überquert der Bernina-Express den Rosegbach.

Le Bernina-Express traverse le Rosegbach à Pontresina.

At Pontresina the line crosses the Roseg, an alpine stream.

Rhätische Bahn
Rhätische Bahn

2
1
ABe4/4 4

◁ **119** In der Montebello-Kurve oberhalb Morteratsch bietet sich einem bei schönem Wetter eine fantastische Aussicht auf den Morteratschgletscher und die Berninagruppe.

Par beau temps, dans la courbe de Montebello en amont de Morteratsch, la vue sur le glacier de Morteratsch et sur le groupe de la Bernina est superbe.

In fine weather, the Montebello Curve above Morteratsch offers a breathtaking view of the Morteratsch Glacier and the Bernina peaks.

120

120/121 Zwischen Montebello und Lagalp verläuft die Trasse der Berninabahn parallel zur Paßstraße.

Entre Montebello et Lagalp, la ligne du Bernina longe la route du col.

The line follows the pass road between Montebello and Lagalp.

121

122

122–124 Im Bereich der Alp Bondo umfährt die Bahn in einem großen Bogen ein bekanntes Lawinengebiet.

Aux abords de l'Alp Bondo, le train fait un grand détour pour éviter une région réputée pour ses avalanches.

At Alp Bondo the line makes a wide sweep to avoid an area notorious for avalanches.

123

124

◁ **125** Zwei ABe 4/4 II führen den Bernina-Express über die obere «Wildwest-Brücke» Richtung Paßhöhe.

Deux ABe 4/4 II tirent le Bernina-Express en direction du col sur ce pont digne de l'Ouest sauvage.

Two ABe 4/4 IIs lead the Bernina Express across the upper "Wild West" bridge towards the summit of the pass.

126

126/127 Beide Aufnahmen entstanden zwischen der Wasserscheide Adriatisches-/Schwarzes Meer am Nordende des Lago Bianco und der Station Ospizio Bernina auf 2253 m ü. M.

Ces deux photos ont été prises entre le partage des eaux Adriatique/Mer Noire à l'extrémité nord du Lago Bianco et la gare de l'Ospizio Bernina, à 2253 mètres.

Both pictures were taken between the Adriatic/Black Sea watershed at the northern end of Lago Bianco and Ospizio Bernina Station, 2253 metres above sea level.

127

128

128–130 Nach der Ausfahrt aus der Station Ospizio Bernina folgt der Bernina-Express weiter dem Lago Bianco (Bilder 128 und 130) bis zu dessen Südende, wo er den Abstieg ins Puschlav in Angriff nimmt (Bild 129).

Après avoir quitté la gare de l'Ospizio Bernina, le Bernina-Express longe le Lago Bianco (images 128 et 130) jusqu'à son extrémité sud d'où il entreprend sa descente vers le Puschlav (image 129).

After leaving Ospizio Bernina Station, the Bernina Express skirts Lago Bianco (Plates 128 and 130) to its southern end, where the descent into the Poschiavo Valley (Plate 129) begins.

129

130

44

132

131 Zug 425 im steilen Abstieg zwischen Alp Grüm und Cavaglia.

Le train 425 dans la forte descente d'Alp Grüm à Cavaglia.

Train 425 eases down the steep gradient between Alp Grüm and Cavaglia.

132 Zwei ABe 4/4 II verlassen den Dragotunnel oberhalb der Alp Grüm.

Deux ABe 4/4 II quittent le tunnel de Drago en amont de l'Alp Grüm.

A pair of ABe 4/4 IIs emerge from the Drago Tunnel above Alp Grüm.

133

133 Bei Privilasco leistet eine der beiden dieselelektrischen Lokomotiven einem ABe 4/4 II Vorspann.

A Privilasco, une des deux diesel-électrique tire une ABe 4/4 II.

One of the line's two diesel-electric locomotives pilots an ABe 4/4 II at Privilasco.

134/135 Beide Züge befinden sich auf der Talfahrt zwischen Alp Grüm und Poschiavo.

Deux trains dans le descente entre l'Alp Grüm et Poschiavo.

Two trains heading downvalley between Alp Grüm and Poschiavo.

134

135

◁ **136** Wenige Kilometer vor seiner Endstation Tirano durchfährt der Bernina-Express den bekannten Kreiskehrviadukt von Brusio.

Quelques kilomètres avant Tirano, son terminus, le Bernina-Express traverse le fameux viaduc tournant de Brusio.

A few kilometres from its final destination of Tirano, the Bernina Express negotiates the famous Brusio Spiral.

137

137 Der Baustil der umliegenden Häuser läßt erahnen, daß sich dieser Bernina-Express nicht mehr weit weg von der italienischen Grenze befinden kann.

A l'architecture des maisons avoisinantes, on devine que ce Bernina-Express ne se trouve plus bien loin de la fontière italienne.

The local architecture says it all: this Bernina Express is approaching the Italian border.